# 爱上自然课
## AISHANG ZIRANKE

### 天空统治者：鸟类

TIANKONG TONGZHIZHE:
NIAOLEI

知识达人 编著

成都地图出版社

图书在版编目（CIP）数据

天空统治者：鸟类 / 知识达人编著 . —成都：成都地图出版社 , 2017.1（2022.5 重印）
（爱上自然课）
ISBN 978-7-5557-0420-1

Ⅰ . ①天… Ⅱ . ①知… Ⅲ . ①鸟类—青少年读物
Ⅳ . ① Q959.7-49

中国版本图书馆 CIP 数据核字 (2016) 第 208176 号

爱上自然课——天空统治者：鸟类

责任编辑：张　忠
封面设计：纸上魔方

出版发行：成都地图出版社
地　　址：成都市龙泉驿区建设路 2 号
邮政编码：610100
电　　话：028 - 84884826（营销部）
传　　真：028 - 84884820

印　　刷：三河市人民印务有限公司
（如发现印装质量问题，影响阅读，请与印刷厂商联系调换）

开　本：710mm × 1000mm　1/16
印　张：8　　　　　　　字　数：160 千字
版　次：2017 年 1 月第 1 版　印　次：2022 年 5 月第 5 次印刷
书　号：ISBN 978-7-5557-0420-1
定　价：38.00 元

**史密斯爷爷**

　　美国人，大学教授，科学家、探险家，喜欢周游世界。他风趣幽默，知识渊博，深受孩子们的喜欢与爱戴。

**鲁约克**

　　十岁的美国男孩，性格质朴憨厚，喜欢美食，但做事时意志力不强。

主人翁简介

## 龙龙

　　十岁的中国男孩，聪明机智，活泼好动，对未知世界充满好奇。

## 安娜

　　九岁的美国女孩，史密斯爷爷的孙女，文静、胆小，做事认真。

目录

# 目录

引言

坐在飞机上，史密斯爷爷笑着开口："孩子们，我们首先要去的地方是塔克拉玛干沙漠。你们对这个地方都有哪些了解呢？"

三人当中就数龙龙最活跃，他高兴地抢着说："我知道！我知道！塔克拉玛干沙漠地处新疆塔里木盆地的中央，它的面积居中国第一，世界第二。它还是全世界最大的流动性沙漠。塔克拉玛干沙漠里到处都是沙丘，在风的影响下，这些沙丘经常会移动。然后，嗯……我知道的就是这些了，呵呵。"

"塔克拉玛干沙漠虽然十分干旱，但那里也生长着少量的植物。这些植物的根系十分发达，体积能达到地上部分的几十倍甚至几百倍，所以能够最大限度地汲取地下水。另外，为了适应塔克拉玛干沙漠炎热干旱的气候，那里的动物大多有夏眠的习惯。"安娜沉思了片刻，也小声说道。

史密斯爷爷微笑着扶扶眼镜框，说："嗯，你俩说的都对。"

下飞机来到塔克拉玛干沙漠的边缘时，已是傍晚时分。史密斯爷爷想了想，说："我们今天进不了沙漠了，先找个旅馆住下，明天再说吧！"

## 第一章
# 接近老鹰的巢穴

经过一夜的休息，此刻，一行人正在沙漠中穿行，视野之内尽是连绵的沙丘，偶尔也能看到一些沙漠植物，其中最多的就要数骆驼刺和仙人掌了。史密斯爷爷看了看，指着骆驼刺说："你们谁认识这

个呀？"

安娜看了看，便说："这是骆驼刺，主要分布在内陆的干旱地区。骆驼刺是骆驼非常喜欢吃的一种牧草，所以它还有一个名字，叫作骆驼草。它们的植株不高，一般长在地表上。"史密斯爷爷听了连连点头。

史密斯爷爷又转过头，对龙龙和鲁约克说："你们俩有没有做功课呀？鲁约克，你来给爷爷说说仙人掌吧。"

鲁约克挠挠脑袋，灵机一动，说："我只知道一点，仙人掌是可

以吃的！对吧，爷爷？"听见这话，其余三人都一脸挫败。

　　龙龙接着说："仙人掌的肉质大多饱满多汁，可以贮藏大量的水分，适应沙漠里的干旱气候。另外，仙人掌的叶大多长成针状，也可以防止水分的大量蒸发。仙人掌原产自美洲或非洲，现在，中国已经有了大量的栽培，其中一小部分还是野生的。仙人掌的品种繁多，既是一种很好的观赏植物，也是人们餐桌上的一道美食。"

　　史密斯爷爷一边听龙龙说，一边取出望远镜四处张望。"咦？那是什么？"他一边说，一边把望远镜递给三个孩子。龙龙瞧了瞧，说："那根光秃秃的树杈上好像有东西。"

　　"好像是个鸟窝吧！"安娜猜测着。

　　"啊，鸟窝，我去找鸟蛋吃！"鲁约克兴奋地喊道，把望远镜一扔就跑了过去。

　　"你们快来看呀！真的有好多鸟蛋，还很大。快来看啊！"鲁约克喊道。

　　看着鸟窝里几个鸡蛋大小的鸟蛋，大家都在猜想这到底是什么蛋。这时，安娜突然问道："史密斯爷爷，您还记得那个关于沙漠的新闻吗？"

　　"新闻？你是说……哎呀，不好，如果真是那样，我们得赶紧离开才行。"史密斯爷爷紧张地说道。

　　龙龙和鲁约克彼此对视一眼，一脸茫然，不知道是怎么回事。龙龙说出了心中的疑问："史密斯爷爷、安娜，你们在说什么呢？什么事能让你们这么紧张？"

史密斯爷爷示意安娜讲，安娜想了想，开口说："我之前看了一个新闻，说人们首次在新疆沙漠发现了老鹰的巢穴。"

"你的意思是说，这很可能是老鹰的蛋了？"龙龙疑惑地问。安娜点了点头。

"哇噻！老鹰蛋，我还没有吃过呢！"鲁约克大声叫道。

史密斯爷爷催促道："别打岔了！赶紧走！待会儿老鹰回来，我们就不好办了！"

"为什么呀？"龙龙不解地问。

"难道你不知道老鹰是一种猛禽！它的脚爪强健有力，也特别锋利。若它看到我们在打它宝宝的主意，还不得跟我们拼命！"安娜解释道。

正说着，远处有几只鹰朝这里飞来，大概是老鹰觅食回来了。史密斯爷爷忙拉着三个孩子躲到了一边。

"老鹰是一种肉食性猛禽。它的家族十分庞大，我们平时说的

隼、鹰、鸢、鹫、雕等，都是老鹰家族的成员。它们的体形有大有小，各不相同，但都十分凶猛，喜食肉类。因此千百年来，人们一直喜欢驯养老鹰，用于狩猎。据说，相比雄鹰，雌鹰的捕猎本领更高，因此更受欢迎呢！"史密斯爷爷低声地为三个孩子讲解着。

"它们真聪明，和我一样喜欢吃肉。那它们都吃什么肉呢？"鲁约克问道。

"我知道，大多数老鹰都喜欢吃蛇、鼠及一些鸟类动物。"龙龙抢着回答。

"嗯，龙龙说得没错。不过，老鹰家族成员众多，饮食

习惯也有很大不同。例如，兀鹫喜欢吃腐肉，雀鹰喜欢吃鸟类动物，角雕喜欢吃兽类动物，渔雕喜欢吃鱼，蛇雕喜欢吃爬虫，蜂鹰喜欢吃昆虫。最奇特的要数棕榈鹫和蜗鸢，棕榈鹫喜欢吃水果，而蜗鸢喜欢吃蜗牛。"史密斯爷爷笑着补充道。

"天啊！居然还有喜欢吃水果和蜗牛的老鹰？真是太神奇啦！"鲁约克觉得这简直是太不可思议了！

"是啊，爷爷，我也没听说过蜗鸢，您给我们讲讲吧！"安娜听上了瘾，拉住了史密斯爷爷的袖子。

"好的，爷爷就给你们讲讲：蜗鸢主要分布在美国的佛罗里达州

8

和南美洲。这种鹰喜欢吃蜗牛，而且它们吃蜗牛的方式也非常有趣：蜗鸢抓到一只蜗牛时，并不急着吃它，而是会把蜗牛牢牢地抓在爪子中，耐心等待蜗牛从壳中爬出。蜗牛见没有动静，便会小心翼翼地把身体从壳中钻出来，这时，蜗鸢才会用尖利的嘴去啄蜗牛的身体，蜗牛很快就会瘫痪。然后蜗鸢才把蜗牛的身体从壳中拖出来吃掉！"

"哈哈！真没想到，蜗鸢在吃食方面还讲究技巧！"鲁约克笑嘻嘻地说。

"我听说老鹰是世界上最长寿的鸟类，是这样吗，史密斯爷爷？"龙龙突然想到以前看过的关于老鹰的书，不解地问道。

"对呀，对呀，我也看过资料这样说呢！"安娜在一旁附和道。

史密斯爷爷笑着回答说："看来你们学习都很认真，都喜欢看书，这非常值得表扬。没错，老鹰是世界上寿命最长的一种鸟。一般的鸟类只能

活十几年，而有的老鹰可以活到70年左右。但是，不同种类的老鹰，其寿命也是不一样的。"

"哇，老鹰还真是一种长寿的鸟啊！"听了史密斯爷爷的一番解释，安娜又发出了一声感叹。

这时，只见龙龙又低着头，不知道在思考什么。史密斯爷爷看到他的样子，不禁笑道："龙龙，你是不是又想起什么了？有什么问题尽管问吧，我会一一给你们做出解答的。"

"史密斯爷爷，刚才您不是说老鹰喜欢吃肉吗？喜欢捕食蛇、鼠等一些动物，那它们是怎么捕食的呢？"

　　"哦，原来是这个问题呀。老鹰捕食首先要得益于它的眼睛。在老鹰眼睛的视网膜上，有感受光的细胞器。细胞器上的细胞越多，它分辨物体的灵敏度就越高。老鹰在搜索目标的时候，采用的是低分辨率、宽视野的部分；而发现目标以后，就会转变为高分辨率、窄视野的部分。

　　"老鹰一般是在两三千米的高空飞翔，一旦发现猎物目标后，就

会紧紧锁定，然后立即高空俯冲下去猛击猎物。当猎物被击晕后，老鹰就轻松地把猎物带走了。"

"哇，怪不得鹰眼那么厉害呢！原来是有那么多细胞呀！"半天没说话的鲁约克终于开口道。

"那老鹰捕食猎物的场面一定非常壮观了。唉，可惜我们没有机会看到！"龙龙的语气中充满了遗憾。

"史密斯爷爷，史密斯爷爷，老鹰的家族成员这么多，它们的数量一定也很多啦！"鲁约克问。

"唉，说起这个，真是让人伤心哪！"史密斯爷爷叹了口气，接着说，"现在，老鹰的数量已经越来越少了。"

"啊？这是为什么呢？"安娜赶忙问道。

　　"主要有两方面的原因。一个是老鹰自身的繁殖率低。一只雌性老鹰每窝只能产下2枚至5枚蛋，经过大约38天的孵化，真正能成活下来变成幼鸟的往往只有一只。另　个原因则是人类的影响。我们人类大量地施用农药，给老鹰带来了灭顶之灾。许多老鹰因为吃到含有农药的食物而死去。近年来，人类大力推进城镇工业化的进程，对许多老鹰的自然栖息地也造成了毁灭性的破坏。所有这些因素加在一起，导致老鹰的数量每年都在减少。"史密斯爷爷可惜道。

　　"老鹰这么可爱，我回去后会告诉身边所有的人，都来好好地保护它们！"安娜安慰着史密斯爷爷。

　　"我们也是。"龙龙和鲁约克也连忙跟着表态。

　　看着懂事的三个孩子，史密斯爷爷欣慰地笑了。

**【仙人掌的花语】**

　　仙人掌浑身长满刺，其实这是它长期适应环境的进化结果。这些刺实际上是仙人掌的叶子。因为最初的仙人掌生活在干燥炎热的沙漠中，那里缺少水分，所以，为了避免身体内水分的过快蒸腾消耗，以适应沙漠的环境和气候，仙人掌的叶子就慢慢地退化了，逐渐缩小变细。经过漫长时间的演化，就变成了现在这样一根根的刺。但是，仙人掌的这些刺中含有生物碱，如果不小心被刺到后，就会引起皮肤红肿疼痛、瘙痒等症状。这个时候，一定要及时清理伤口，用干净的水和肥皂去冲洗被刺到的部位。

## 第二章

# 山崖遭遇秃鹫

"史密斯爷爷，我们要爬这座山吗？"站在麻扎塔格山脚下，龙龙问道，"它看起来好高哦。"

"嗯，没错。爷爷要上去考察呀！麻扎塔格山的确不矮，它最高处的山峰约有1535米高呢！它横亘在塔克拉玛干沙漠的中间，全长10余千米，是这里最长的山脉。在维吾尔语中，麻扎塔格山的意思是'坟山'。它是这片沙漠的制高点，又控制着南北交通，自隋唐以来就是'丝绸之路'的必经要塞。这一点你应该知道呀！对了，爷爷要提醒你们，这山上可能就有我们要找的秃鹫，你们一定要小心，千万不要让它给盯上，它那尖尖的嘴可是会把你们的肚子啄破的！"史密斯爷爷开玩笑地说。

山路并不难爬，时不时会有一些生命力顽强的小树枝供他们借力攀爬。不一会儿，他们便到达了山顶。由于这沙漠本就在北方，此刻又在山上，天空变得好近好近，似乎触手可及，让人不由得想到了一句诗——"手可摘星辰"。不过，风景再美，也不能忘记此行的目的，四人小心而仔细地张望着四周，寻找着秃鹫的影子。周围有很多荆棘和灌木，最让人眼前一亮的是居然还有沙漠玫瑰开在一处山崖的边上！安娜顿时两眼放光，小心翼翼地靠近山崖，准备去瞧瞧。

龙龙并不认识沙漠玫瑰，便虚心地向其他人请教："这是什么花呀，开得这么美？"

　　安娜兴高采烈地向龙龙介绍道："这是沙漠玫瑰，也叫天宝花，最愿意生长在气候炎热干燥的地方。它喜欢阳光的照射，耐酷暑，但是不耐寒。沙漠玫瑰的花朵非常艳丽，就像一只只红色的小喇叭。它们通常三五枝聚在一起，成丛地生长。而且这种花一年四季都会开花呢！不错吧？你看，它们好漂亮呢！"

　　"嗯，这花真的不错，不光漂亮，还很香呢！可是我就奇怪了，你怎么会懂这么多呢？"龙龙不服气地问道。

史密斯爷爷在一旁说道："人家安娜勤奋好学啊，哪像你们两个，就知道耍小聪明。"说着又看了鲁约克一眼，却见他早已坐在一边休息，根本没理会他们几个在说什么。

这时，山崖下突然蹿出了一只黑糊糊的、拍着翅膀的"东西"！它停在一株沙漠玫瑰上，双目炯炯有神地瞪着这几个闯入自己领地的人。龙龙和鲁约克看见它那又尖硬又厚实的大嘴，顿时吓得目瞪口呆。安娜更是被吓得连退两步，踉跄着跌坐在地，口中呜咽着："秃鹫！"

还好，这只秃鹫只是嫌这突然出现的四个人打扰了自己的清净，才从山崖下的巢穴中飞上来看看，并不是来觅食的，也没有任何攻击他们的想法，只停在那里盯着他们。史密斯爷爷见秃鹫没有反应，赶紧招呼着三个孩子慢慢地往后退。一直退到快要看不见秃鹫了，四个人才迅速地朝山下跑去。秃鹫看着他们消失在自己的视线中，只转了下脑袋，似乎在想：这些人类真奇怪！然后拍拍翅膀，转身飞走了。

19

鲁约克边跑边喊："哎呀，真是说什么来什么，这秃鹫属曹操的吧！快跑啊，小心它啄我们的肚子！"

　　"呵呵，好了，那只秃鹫已经飞走了，咱们歇歇吧，不用跑了。"史密斯爷爷喘着粗气说道。

　　"爷爷，这秃鹫长得好大，看起来真是吓人啊。"安娜说。

　　"呵呵，咱们看到的这只并不算大。秃鹫是一种体形很大的猛禽，成年的秃鹫全长约有1.1米，体重在7千克至11千克之间。在高原上，秃鹫是所有猛禽中体格最大的。它如果把两只翅膀全部张开，整个身体大约有2米多长、0.6米宽呢。"

　　"天啊，幸好我们没碰到那么大的秃鹫，否则还不成了它的点心啊！"鲁约克抚着胸口说道。

　　"哈哈，这你倒是多虑了。秃鹫不会吃我们的，因为它不喜欢吃鲜肉，而喜欢吃腐烂的肉。秃鹫主要以动物腐烂的尸体为食，因此还

被人们誉为'草原上的清洁工'呢！不过，当腐食不够时，它们也会去捕食一些中小型的兽类来填饱肚子。"

"原来是这样啊，秃鹫的这个饮食习惯还真是特别呢！我对它有些好奇了，史密斯爷爷，您再多给我们说一些秃鹫吃东西的趣事，好不好？"龙龙来了兴致。

"没问题。秃鹫最喜欢吃哺乳动物的尸体，而且，聪明的它们还十分了解哺乳动物，知道它们喜欢成群地聚在平原或草地上休息。所以，

　　如果有一只动物孤零零地独自躺在地上，秃鹫就会特别注意它。"

　　"我知道了，那只落单的动物肯定立刻变成秃鹫的美食了！"鲁约克插嘴说道。

　　"还没有那么快哦！秃鹫是一种十分谨慎的动物，在确定目标后，它们不会立即就冲下来吃，而是会继续盘旋在空中，仔细地进行观察，看这只动物到底有没有死去。它们的观察时间还不短呢，最少有两天。"

　　"两天？那不是要饿死了！"鲁约克又插嘴。

　　"鲁约克，你听爷爷讲完嘛！不要总是插话，这样不礼貌。"安娜指责他说，鲁约克不好意思地笑了笑，不作声了。

　　"在这两天左右的时间里，如果那只动物依然一动不动地躺在

那，秃鹫就会飞低一些，进行近距离的观察，看看它的腹部有没有起伏，眼睛会不会转动。如果都不动，秃鹫就会落到那只动物附近不远的地方，悄悄地、一点一点地走过去。这个时候，它们依然是犹豫不决的，既迫不及待地想去吃，又怕上当，遭到对方的暗算。所以，它们依旧会张着嘴巴，舒展着两只翅膀，脖子也会伸得长长的，做好随时飞走的准备。再走近一点，它还会从嘴里发出'咕喔'的叫声，如

果对方依旧没有反应，它就会用嘴啄对方一下，再立刻跳开。此时，它会进行最后一次检查。如果对方依旧没有任何动静，秃鹫便会彻底放下心，一头扑过去，美美地吃起来。"史密斯爷爷没有怪鲁约克打断自己的话，依旧讲解得很认真。

"天！它们还真是小心到了极点！"龙龙忍不住评论道，"可是，它们飞得那么高，就算地面上有尸体，它们看得到吗？"

"这个问题提得不错哦！"史密斯爷爷笑了，继续说，"有些时候，秃鹫飞得太高，的确是发现不了地面上的动物尸体。但是，这个世界上喜欢吃腐肉的动物可不止秃鹫一种哦！乌鸦、豺、鬣狗等也都是食腐动物，它们在地面的活动也会为秃鹫提供观察目标。

"如果发现这些食腐动物正在地面撕食尸体，秃鹫就会降低自己的飞行高度，近距离地观察。确定有食物后，它会迅速降落到食物附近。这时，周围几十平方千米范围内的秃鹫通常也会接连而来，以每

小时100千米以上的速度，共同冲向这美味佳肴，展开争食大战。

　　"最有趣的是，秃鹫在争食时，身体的颜色还会发生变化呢！平日里，它的面部一般为暗褐色，脖子为铅蓝色。但在吃东西的时候，它的面部和脖子都会变成鲜艳的红色！这是一种无声的警告，意思就是让其他秃鹫离远点，不要过来抢它的食物。

　　"但是，其他秃鹫并没有那么好说话，往往还是会冲过来抢食物。如果争夺者是一只身强力壮的秃鹫，失败的秃鹫就只能放弃自己已经到了嘴边的食物。这时，它的面部和脖子就会立刻从鲜艳的红色变成白色。而胜利者的面部和脖子则变得红艳如火。是不是很有趣呀？人们也常常根据这些体色的变化判断一只秃鹫的体力到底是强还是弱。"

　　"秃鹫真好玩，爷爷，您再讲讲，再讲讲。"安娜听上瘾了。

　　"好啊！秃鹫就是人们常说的秃鹰、坐山雕。除了南极洲及海岛，全球各个地方几乎都有秃鹫。你们刚才有没有注意到，秃鹫的嘴上长有钩子，这正是出于食腐的需要。这个钩子在摄取食物时非常方便好用。秃鹫可以用它很轻松地啄破并撕开腐肉的外皮，拖出身体里的内脏，就连牛皮也撕得动。另外，秃鹫的头部裸露着，进出尸体的腹腔十分方便。

　　"秃鹫一般选择在高大的乔木上垒窝，用树枝搭一个舒服的巢，还会在里面铺上小枝和兽毛等。秃鹫大多喜欢单独活动，很少结群，就算结群通常也只是3至5只的小群，最多十多只。秃鹫飞的时候，会把两只翅膀伸直，维持在一条直线上。它们可以持续飞行很长时间，飞行时很少鼓动翅膀，而是利用气流在天空中翱翔。它们在飞行中如果发现地面上有尸体，就会马上飞过去取食。"史密斯爷爷笑着说。

　　"爷爷，我觉得秃鹫脖子上的羽毛也挺好看的。"安娜说。

　　"呵呵，你观察得很细嘛！你们想一想，秃鹫脖子基部的那些长羽毛，像不像人们吃饭时围的餐巾呀？事实上，这些羽毛也的确能够起到餐巾的作用，可以帮助它们在吃腐肉时保持身上羽毛的清洁。"史密斯爷爷非常喜欢安娜的细心。

"看来，秃鹫虽然长得不好看，但也有可爱之处。它们还挺讲究卫生呢！"鲁约克说。

"嗯，跑了半天，大家也都累了。今天就到这里，咱们去山下看看吧，明天再出去寻找别的鸟类。"史密斯爷爷毕竟年纪大了，经过刚才的一番折腾，他也累坏了，便把大家都带下了山。

# 第三章
# 花香觅蜂鸟

下了山，彻底远离了秃鹫，一行人才终于安下心来。这会儿，他们正渐渐靠近沙漠中的绿洲。

清水、绿树相互掩映，高大的胡杨片片林立。鸟儿自由自在地在大空飞翔，不时发出喜悦的叫声。这便是美丽的绿洲，它似沙漠中的人间净土，又似跌入凡尘的天堂。它的美宁静悠远，令人心旷神怡。

孩子们欢呼着，齐齐朝着绿洲的怀抱奔了过去。来到绿洲的边

缘，四个人都被绿洲的美深深地震撼了，都不忍打破这一份静谧。

安娜轻声问："爷爷，沙漠里怎么还有这么美的地方呢？"

史密斯爷爷看着龙龙和鲁约克，意思很明显，想让他们俩说说。谁知，这两个调皮鬼都把头摇得跟拨浪鼓似的。史密斯爷爷无奈地叹了口气，自己开口说道："绿洲是与干旱的沙漠相伴着形成的。除了人工绿洲，天然绿洲的形成主要受水土条件的限制。荒漠区的绿洲受当地水土条件的影响，通常都有一个共同的特征，那就是沿河流冲积平原的绿洲一般呈带状，而河流出山口的绿洲则普遍呈扇状或点状分布。

"绿洲的分布模式主要有四种，分别是沿河道线状分布、沿河谷阶地层状分布、沿山麓平原片状分布和沿断层或洼地泉水出露地点零星点状分布。"

史密斯爷爷话音刚落，只见空中出现了一只蝴蝶。它绕着鲁约克飞舞着，最后还停在了鲁约克的鼻尖上。鲁约克高兴得想大叫，又

怕吓走了蝴蝶，他小心翼翼地站在那，大气都不敢出！安娜在一旁看了，羡慕不已，转念一想："这里有蝴蝶，那是不是意味着也有花呢？"便开始寻找起花来。

安娜绕过一丛灌木，惊喜地发现，眼前的土地上长了一大片不知名的花草，它们正迎风摇曳，花香扑面而来。安娜尖叫着跑入花丛，张开双臂深深地呼吸着。其他三人听见安娜的尖叫声也忙转过身来，就见紫花丛中的安娜在风的吹拂下衣袂飘飘，就像误落人间的精灵。龙龙赶忙拿出照相机，"咔咔"两声，把这幅美景拍了下来。

四个人在花丛中流连，却都不知道这究竟是什么花。突然，史密斯爷爷拍了拍脑袋，说："唉，真是老了，怎么

把它给忘了呢。这是沙打旺，是一种多年生的草本植物，属于豆科黄芪属。这种草深受人们的欢迎，这是因为它们既能做一种绿肥，又能保持水土。而且，这种草的抗逆性很强，既能抗旱、抗寒、抗风沙，又耐贫瘠、耐盐碱，因此适用性很广，在中国的东北、西北和华北地区都有广泛的种植。人们喜欢将它与粮食作物轮作或是种植在林果行间及坡地上。它们唯一的弱点就是不耐涝。另外，沙打旺能开出蓝

色、紫色或蓝紫色的花。"

"嗡嗡……"史密斯爷爷正
在给孩子们介绍沙打旺，附近突然传来了一阵嗡嗡的叫声。

"这是什么声音？"三个孩子皆是一脸茫然，赶忙低下头仔细寻找声音的来源。

史密斯爷爷说道："听声音让我想起了蜂鸟。"

"蜂鸟？什么东西？是蜜蜂的一种吗？"龙龙疑惑道。

"你在开什么玩笑？蜂鸟都没有听说过吗？蜂鸟是一种鸟，怎么会是蜜蜂？"安娜简直要崩溃了。

"龙龙，平时没事要多看看书，不要总想着玩。蜂鸟，是雨燕目蜂鸟科动物的统称，共有约600种，目前都只生活在美洲。它们的身体很小，是人们现在已知的世界上最小的鸟类动物。"史密斯爷爷详细讲解道。

"最小的鸟类动物？有多小呢？"鲁约克一边啃着棒棒糖，一边问道。

"生活在南美洲西部的巨蜂鸟是体形最大的蜂鸟，可它们的身体最大也超不过20厘米，体重更是只有20克左右。"

"天啊，那么一丁点儿还是体形最大的？那体形小的蜂鸟该有多小啊？"龙龙继续追问。

"呵呵，世界上最小的蜂鸟身长约5.5厘米，体重只有2克左右。这种蜂鸟主要生活在古巴和松树岛，是世界上现存最小的鸟。"

"那么小！炸着吃都没肉！"鲁约克三句话不离吃，龙龙和安娜简直对他无语了。

"呵呵，别看蜂鸟的身体小，它们拍打翅膀的速度却很快哦，每秒钟大约能拍打15次至80次呢！"史密斯爷爷没理会鲁约克的话，继续说道。

"拍打那么多次有什么用？"龙龙又问。

"这个我知道。"安娜说，"蜂鸟不停地拍打翅膀，就可以在空中悬停了，对吗，爷爷？"

"没错，你说得很对。"史密斯爷爷最喜欢用功的安娜了，"蜂鸟既可以在空中悬停，也可以向左和向右飞。尤为特别的是，蜂鸟是世界上唯一一种能够向后飞行的鸟。而且，蜂鸟拍打翅膀的速度主要取决于蜂鸟的大小。说到这，爷爷有个问题，你们知道蜂鸟为什么叫这个名字吗？"

"是因为它像蜜蜂一样小吗？"鲁约克问。

　　史密斯爷爷摇了摇头："不对。是因为蜂鸟拍打翅膀时会发出嗡嗡的声音，所以人们才叫它蜂鸟。

　　"另外，由于翅膀可以快速地拍打，
所以蜂鸟体内的新陈代谢进行得非常快。在所
有的动物中，蜂鸟的代谢率是最快的。它们的心跳速度也很快，约为
每分钟500下。

　　"为了满足如此快的代谢率，蜂鸟必须吃大量的食物。一只蜂鸟
每天消耗食物的重量都远远超过它自己的体重。而为了找到大量的食
物，蜂鸟每天都不得不去数百朵花中采集食物。如果找不到这么多食
物，蜂鸟就只能忍饥挨饿了。

　　"为了让自己少饿一点，蜂鸟也在进化中不断地对自己的机能进
行调整。在夜里或是不容易寻找食物的季节，蜂鸟的身体就会自动减
缓新陈代谢的速度，让自己进入'蛰伏'期。蛰伏是一种和冬眠差不

多的状态，在蛰伏期间，蜂鸟的心跳和呼吸都会减慢，以降低身体对食物的需求。"

"原来是这样。爷爷，蜂鸟好看吗？它长什么样子啊？"安娜还是比较爱美。

"蜂鸟一般有两种颜色，分别是蓝色和绿色，身体下部的颜色通常较淡。雄性蜂鸟绝大多数是蓝绿色的，也有一些为紫色、红色或黄色，但数量不多。雄性蜂鸟长有羽冠或修长的尾羽，非常漂亮。雌性蜂鸟羽毛的颜色则大多较为暗淡。"

几个人一边说着，一边寻找刚才那阵嗡嗡声的来源，却失望地发现，那声音实际上来自于一群蜜蜂。可是，几个孩子已经对史密斯爷爷的讲解内容产生了浓厚的兴趣，都嚷着一定要找到蜂鸟，见见它的真容。史密斯爷爷只好依着他们，答应将来带他们去南美洲看蜂鸟。

# 【胡杨】

胡杨，也叫胡桐、英雄树、异叶胡杨、异叶杨、水桐、三叶树，属杨柳科杨属胡杨亚属，是沙漠中常见的一种植物。它们的生命力很强，既耐寒、耐旱、耐盐碱，又能抵抗风沙的侵蚀，因此能在沙漠恶劣的环境中生存。胡杨也由此被人们称作"沙漠的守护神"。

胡杨的根系十分强大，一株胡杨从发芽开始就会拼命地向地里扎根。它们的根可以扎到地下10米深的地方去吸取水分。另外，胡杨根部的细胞还有一个特殊功能，能够免受碱水的侵蚀和伤害。因此，即使是在极其炎热缺水的环境里，胡杨也能长到30多米高。

胡杨之所以能在盐渍化严重的土壤上很好地生长，还有一个重要的原因。那就是胡杨细胞的透水性比其他的植物都强，它全身的每一个部位都能吸收很多盐分，从主根、侧根、躯干、树皮到叶片都可以，并能通过茎叶的泌腺把盐分排泄出去。当体内的盐分积累过多时，它们还能自动地从树干的节疤和裂口处将多余的盐分排出体外。这些多余的盐分会形成白色或淡黄色的块状结晶，这就是人们常用来发面的"胡杨泪"，也叫"胡杨碱"。胡杨碱的主要成分就是小苏打，碱的纯度非常高，可以达到67%至71%。除了用于发面，人们也可以用胡杨碱制作肥皂，或是用作罗布麻脱胶、制革脱脂的原料。一棵成年的胡杨树每年都能排出几十千克的盐碱，所以也是"脱盐改土"的能手。

## 第四章

## "戈壁舞者"——岩鸽

　　这天，一行人来到了沙漠中的戈壁滩。之前在沙漠中，还能看到一些植被，而这里，基本上只能用"寸草不生"和"不毛之地"来形

容，放眼望去，尽是裸露的岩石。如果说沙漠里尽是沙子，那戈壁里便尽是石头，高低不同的石头，大小不一的石头，颜色各异的石头……

"呵呵，这就是戈壁景观呀！"史密斯爷爷情不自禁地赞叹，"孩子们，你们对戈壁有多少了解？"

"呃，这个嘛，安娜肯定知道！"龙龙实在答不出，便开始搬救兵。

"我也只知道一点点。戈壁在蒙古语中的意思是沙漠、砾石荒漠、干旱的地方。在中文里，戈壁也叫'瀚海沙漠''戈壁滩'或'戈壁沙漠'。戈壁是世界上巨大的荒漠与半荒漠地区之一，占全世界面积的很大一部分。大多数戈壁地区的地面都不是沙漠，而是裸岩。"说到这儿，安娜迟疑地停顿下来，"爷爷，还是您来说吧！"

　　史密斯爷爷赞许地点点头，接着安娜的话说道："戈壁主要分布在中亚地区，横跨蒙古和中国，面积十分广大。根据组成物质的不同，戈壁的地表可以分为岩漠和砾漠两种。岩漠即指那些地表完全裸露或仅有薄薄的一层碎岩石覆盖的山麓地带；砾漠则指地表被砾石覆盖的地带。"

　　正说着，距离他们不远处的岩石后面突然有一颗小小的头小心翼翼地探了出来，仔细一看，原来是一只岩鸽！这只岩鸽的头、颈和上胸都是蓝灰色的，其中，颈部和上胸还泛出了绿色和紫色的光芒。它上背和两只翅膀都是石板青色的，身体内侧的大覆羽和三级飞羽上长有两道黑色的横斑。下背是白色的，腰部和尾巴上的覆羽均为石板灰色，但腰部和近尾端处都长有一处白色的横斑。它的下体主要是蓝灰色的，直到腹部才逐渐变为白色。岩鸽长着橙黄色的眼睛和黑色的嘴

巴，两只脚都是漂亮的珊瑚红色。它看上去十分漂亮，给单调的戈壁注入了一丝生机。

在他们观察的过程中，这只岩鸽又"咕咕"地叫了两声，立刻勾起了他们的兴趣。"鸽子！"不知是谁先喊了出来。三个孩子都感到一阵欣喜。这只"鸽子"好像比平时看到的还要漂亮许多呢！

史密斯爷爷看了看三个孩子，纠正道："这可不是普通的鸽子，它的名字叫岩鸽。"

"岩鸽？是在岩石上生活的鸽子吗？"龙龙不解地问道。

"岩鸽也叫山石鸽、横纹尾石鸽，因为它们主要生活在山区中岩石多的地方，因此得名。岩鸽和家鸽有一个很大的区别，你们可以仔细观察一下，看看能不能发现。"

三个孩子一听这话，都开始仔细观察起来。但看了半天，也没发现有什么不同。

史密斯爷爷看到他们的样子，笑着说："还是我来告诉你们吧，岩鸽尾巴上的羽毛上长有白色的次端斑，这是它们与家鸽最大的不同。

你们看，就在那儿！"史密斯爷爷一边说，一边指给孩子们看。

"哦！"三个孩子都恍然大悟。

"岩鸽的叫声也是非常好玩的，刚才你们有没有注意听？"史密斯爷爷问。

　　"没有啊，有什么好玩的？不就是'咕咕咕'的声音吗？"鲁约克不解地说。

　　"你们观察得也太不仔细了！"史密斯爷爷无奈地摇了摇头，"岩鸽的叫声是非常有趣的。虽然声音与家鸽差不多，都是'咕咕'声，但是它们叫起来反反复复的，所以那声音就像人在打嗝一样，非常有意思。它们无论是起飞，还是着陆，都会发出这种带着颤音的'咕咕'声。"

　　三个孩子都不好意思地低下了头。

　　"哦，对了！这岩鸽还有个'戈壁舞者'的别称呢！有意思吧？"

史密斯爷爷并不想指责他们，便继续讲解着有关岩鸽的知识。

"可是，它们生活在荒凉的戈壁，平时都吃什么呢？"身为资深吃货的鲁约克到什么时候也忘不了这项民生大计！

"岩鸽通常结伴飞到山谷或平原地带寻找食物，主要以果实、谷物、杂草的种子等为食。不过，它们有时也会飞到人们种植的农田去寻找食物，所以也会对农作物产生一定的危害。"史密斯爷爷耐心地为鲁约克解答着。

"爷爷，您看这只岩鸽到底是雄性的还是雌性的呢？"安娜问道。

"呵呵，要想分辨岩鸽的性别，主要得看它们羽毛的颜色。和其他大多数鸟类一样，雌性岩鸽羽毛的颜色一般较暗，不像雄性岩鸽那么艳丽。所以，咱们眼前的这只应该是雄性。"

"我们今天又有收获了，认识了岩鸽，好开心哦！爷爷，明天您得带我们去见识见识别的鸟，好不好？"安娜拉着史密斯爷爷的袖子说。

"好，好，好，只要你们听话，爷爷明天就再带你们出来看看。"史密斯爷爷笑着答应了。

## 第五章
## "利爪魔鬼"——食火鸡

这天，一行人已经回到了之前的旅馆。史密斯爷爷看看行程表，说道："好了，孩子们，我们在沙漠中的行程已经结束，这次收获比我想象中的还要大。现在大家去休息，明天咱们前往下一

个目的地：澳大利亚。"

"澳大利亚?!"三个孩子激动地喊道。

史密斯爷爷没料到他们会做出这样的反应，便说："是啊，澳大利亚，怎么了？"

"就是那个有悉尼歌剧院和墨尔本大学的国家吗？"龙龙率先反应了过来。要知道，考上澳大利亚的墨尔本大学可是他一直以来的愿望呢！

"就是那个有树袋熊、考拉和鸭嘴兽的国家吗？"安娜紧接着问。她早就在书上见识过这些可爱的动物，并且知道，它们都只生活

在澳大利亚。

再看鲁约克，此刻已经开始发呆、流口水了。浮现在他脑袋里的全是在电视上见过的澳大利亚美食：牡蛎、蘑菇大餐、烤肉……

第二天一早，四个人终于下了飞机，踏上了澳大利亚的国土。这次，他们的第一站是北昆士兰热带雨林。

安娜问史密斯爷爷："爷爷，您这次是想带我们去找食火鸡吧？"

"嘿嘿，小安娜真聪明，这你都知道。嗯嗯，没错，爷爷就是要带你们去找食火鸡。"史密斯爷爷被安娜猜中了心事，笑着答道。

"龙龙、鲁约克，你们还记得我们在课本上学过的关于食火鸡的文章吗？"安娜侧头问身旁的两人。

"当然记得了。食火鸡是世界上体形第三大的鸟类，仅排在鸵鸟和鸸鹋之后。它的翅膀退化得相当严重，所以现在已经不会飞了。"鲁约克居然显示出了贪吃以外的才能，真是太难得了，倒让史密斯爷爷、安娜和龙龙一时无法适应呢！

"记性还是不错的嘛，鲁约克！食火鸡属于鹤鸵目鹤鸵科，也是这个科属中唯一的成员。你们还记得食火鸡长什么样子吗？"史密斯爷爷笑眯眯地问。

"这……这我就不记得了。"鲁约克不好意思地挠了挠头。

"让我想想，嗯，食火鸡的头上长有角质的盔，像半个扇子的形状。它长得很好看，头部和颈部的大部分裸露部位都是蓝色的，颈侧和颈背的颜色更加鲜艳，好像是有紫色、红色、橙色三种颜色呢！"

安娜一边回忆，一边说道。

　　"没错，食火鸡可是非常漂亮的一种鸟，不亚于孔雀哦！它和美洲鸵鸟一样，也长着三个脚趾。不过，它的叫声并不动听，粗粗的，就像闷雷一样。"史密斯爷爷补充道。

　　龙龙一下子把头转了过来："不亚于孔雀？那么漂亮？史密斯爷爷，咱们赶紧去找找，我已经迫不及待地想见它们，跟它们合影了！"

　　"呵呵，想见食火鸡并不难，我们要去的北昆士兰热带雨林正

是南方食火鸡的栖息地。不过，你跟它们合影的愿望恐怕实现不了哦！"史密斯爷爷又卖起了关子。

"为什么呀？为什么呀？爷爷，我不伤害它们，我就合个影。"龙龙使劲拽着史密斯爷爷的袖子。

"哈哈！爷爷不是怕你伤害它们，是怕它们伤害你。食火鸡生性凶猛，在感到威胁时，就会主动发起攻击。它们长着长约12厘米、像匕首一般锋利的爪子，称霸整个热带雨林呢！人类要是惹恼了它，它就会用尖爪攻击人类！2007年，食火鸡曾被吉尼斯世界纪录列为'世界上最危险的鸟类'。它也常被人们称为'利爪魔鬼'！"史密斯爷爷带着三个孩子一边向前走，一边详细地说着。龙龙听着，惊得嘴巴

都合不上了！

"史密斯爷爷，食火鸡一定不缺吃的吧？"鲁约克突然问道。

"哈哈！你猜得没错，食火鸡的确不愁吃的。它们最喜欢吃的食物是植物的果实，那些从树上落下的果实以及长在较低的树枝上的果实最受它们欢迎了！除此之外，它们也会吃一些小动物，如蜗牛、昆虫、青蛙、小鱼、小鸟及蛇等。

"它的内趾爪十分锐利，是攻击天敌的最好武器。这对大爪子在对付狗和马等动物时，往往一击致命。除了锋利的大爪子，它们的腿也十分强壮有力，所以食火鸡特别擅长奔跑和跳跃，这都十分有利于它们追捕食物。

"食火鸡跑起来，速度可以达到每小时50千米左右。这种凶猛的鸟，还曾经用脚劈死过人呢！就算是动物园中的食火鸡，攻击性也是很强的，它是动物园中公认的最危险的动物，曾使许多饲养员受伤。所以你们以后去动物园，也不要太靠近它们。"

"天呀，食火鸡这么凶狠呀，我有点不敢见它了！"胆小的安娜又害怕了，可又不甘心错过见识食火鸡的机会，"爷爷，咱们碰到食火鸡后，一定要躲远一点！"

"放心吧！有爷爷在，不会让你们有危险的。"史密斯爷爷搂过安娜，温和地安慰着她，"总之，我们这一次千万要小心，这食火鸡可惹不得！你们几个到时候可不能去冒险！"

"放心吧，爷爷。"龙龙和鲁约克相视一笑，都点头答应了。一行四人慢慢地向雨林深处走去。

其实，现在的雨林已经没有以前那么令人"谈虎色变"了，里面大多数的动植物早就不再具有那么大的攻击性，至少不会主动攻击人了！现在的雨林是个既惊险又刺激的地方，能将人所有的好奇因子都给调动出来。

一老三少进入北昆士兰热带雨林的深处，这里的树木十分茂盛，遮天蔽日的，环境特别阴暗潮湿，偶尔会有阳光透过树的缝隙照进来，可那些光照的地方，多半是有蛇的。一行人走得提心吊胆，所有人都小心翼翼的，生怕一不小心把命给搭上。想想看，那一次，要不是史密斯爷爷及时制止，鲁约克可能已经被食人花给吞了；还有那一次，龙龙差点儿碰到毒蜘蛛。唉，他们几个碰到过的危险还真是多得不胜枚举。安娜和鲁约克一路走，一路回想着之前的经历，都默默地跟着史密斯爷爷，一声不吭。只有龙龙很活跃，一边走，一边给雨林拍照片：蓄势待发的吸血蝙蝠、多彩的杀手——箭毒蛙、硕大的毒蜂……

走了将近两小时，却始终不见食火鸡的"芳踪"，龙龙失望得直叹气！

过了一会儿，他们正绕着一棵参天大树一步一步地走着，不远

处似乎传来了奇怪的声响。只见那边的亮光似乎比这边多了些，几个人赶忙过去，走到头才发现，那里竟是雨林中难得的一片开阔地。更令他们惊喜的是，他们苦苦寻觅的食火鸡正在那片开阔地上撕扯着脚下的食物——一只老鼠，他们刚刚听到的声音正是老鼠嘴里发出的叫声。史密斯爷爷连忙示意大家找个隐蔽的地方蹲下，然后认真地观察起眼前的这只食火鸡来。

　　龙龙把相机的声音和闪光灯全部关掉，开始拍起照来。安娜觉得

食火鸡太残忍，老鼠太可怜了，可自己又能有什么办法呢？不管怎么说，物竞天择、一物降一物始终都是自然界中不变的法则，只能暗自替那只倒霉的老鼠伤心。鲁约克一边观看食火鸡进食，一边摸着自己空空如也的肚子，盼望着能早点"收工"，早点回去吃饭。

食火鸡很快便吃完了脚下的老鼠，它抬起头，警惕地瞧瞧四周，就"一步一个脚印"地离开了"案发现场"。

这一次，四个人亲眼见证了什么是自然法则，都受到了很深的触动。

## 【澳大利亚热带雨林中特有的动物】

树袋鼠：树袋鼠是生活在树上的一种动物，属袋鼠科。它们生活在热带雨林中，主要分布于新几内亚、昆士兰极东北区及邻近的岛屿。树袋鼠主要以植物的叶子及果子为食，但也会吃一些谷物、花朵、树汁、树皮、蛋，甚至是一些雏鸟。它们最喜欢吃的食物就是叶子，这是因为它们的牙齿能够很轻松地撕开叶子。树袋鼠的胃很大，里面有一种特殊的细菌，能够帮助它们的胃更好地分解植物纤维。

袋貂：袋貂是一种树栖动物，属双门齿类，其数量几乎占澳大利亚所有有袋类动物的二分之一。袋貂最显著的特征就是只长了一对门齿，后肢的第二趾和第三趾粘合在一起，看上去就像是一个脚趾上长了两个爪子，非常有趣。袋貂是一种体形较大的树栖动物，主要以植物为食。

树袋熊：又叫考拉、无尾熊、可拉熊。树袋熊的身体长约70～80厘米，体重约在8～15千克之间。它们体态憨厚，长得和小熊非常相似。树袋熊身上的毛短短的，又厚又软，颜色为灰褐色，只有胸部、腹部和四肢内侧及内耳的毛是灰白色的。树袋熊长着一对大大的耳朵，耳朵里长有茸毛。它的鼻子扁扁平平的，上面没有毛。树袋熊平日主要以桉树叶为食，并能从中吸取身体所需的约90%的水分，因此除了生病和干旱，它们一般不喝水。树袋熊酷爱睡眠，每天大约有18个小时都处在睡眠状态。经过漫长的岁月，树袋熊的尾巴已经退化成了一个"坐垫"。同时，它臀部的皮毛又厚又密，因而能够舒适潇洒地坐在树杈上睡觉，一睡就是大半天。

极乐鸟：也叫天堂鸟、太阳鸟、风鸟、雾鸟，是乌鸦的"远房亲戚"。极乐鸟主要以浆果、无花果、昆虫及其幼虫、蜥蜴等为食，共有40多个不同的种类。其中，镰嘴天堂鸟能和啄木鸟一样将树皮撬开，啄食树皮里面的昆虫和蠕虫。

## 第六章
# 你能追上猫头鹰吗？

一行四人走出雨林时，已是繁星满天。深邃、辽远的星空充满了无穷的奥秘，引得他们久久地仰望。此刻，星光点亮了大地，也照亮了周围的树、草、花……轮廓分明，又透着淡淡的晕圈，让人不得不

赞叹大自然造物的神奇。

　　面对着令人沉醉的夜景，史密斯爷爷微笑着说："我们就在这儿解决晚饭吧！""噢，史密斯爷爷万岁！"几个孩子当即取出背包里的水、面包和压缩饼干！

　　食物虽然简单，但在这样美好的夜晚，也似乎变得可口起来。几个人热烈地讨论着在雨林中遇到的各种危险，说到惊险处，大家都一副后怕的样子；说到稀奇处，大家又互相笑笑，好不开心。他们愉快地讨论着，丝毫没有注意到离他们最近的树上正停着一只猫头鹰，而且这只猫头鹰正死死地盯着他们。不对，它是在盯着他们手中的食物。真不知它是好奇人类的食物还是饿了！

　　"那时候好险啊！我差点儿被食人花给生吞了。"鲁约克惊魂未定地拍拍胸口。史密斯爷爷摸了摸他的头，开始给他们介绍起食人花来："食人花这种植物，主要生长在原始森林和沼泽地带，是一种十分娇艳美丽的花。花的形状很像日轮，香味和兰花差不多。最重要的是，这种花很大，叶片长约30厘米至40厘米呢。食人花是一种非常神秘的植物，它最特别的地方在于它的某些习性和动物很像。"

　　"食人花还有一个很特别的传说。传说，一朵食人花至少要吃下十条鲜活的生命才会开出一朵花，而每十朵花经过无数过路的虫蚁鸟兽甚至无辜路人鲜活生命的供养，才能结出一颗不大的、绿色的果实！据说每一百

年，食人花才会有一颗绿色的果实变成赤红的，如同鲜血一般的颜色。而这颗赤红的果实是世间稀有的珍品，可以制成提高能力的灵药。不过，这只是一个美丽的传说，至今还没人见过赤红色的食人花果实。"

"哇，食人花也太恐怖了！就像我遇到的毒蜘蛛，它也是个吓人的家伙。"龙龙接下话茬。

　　"毒蜘蛛分很多种，寡妇蛛、黑寡妇蛛、库拉卡维寇蛛等蜘蛛都是有毒的，幸好你刚才没被蜇到！"史密斯爷爷说。

　　四个人说的说，听的听，丝毫没注意外界的变化。可是，猫头鹰似乎等不及了呢。

　　猫头鹰开始行动了，它先是"咕咕"叫了两声，然后就展开翅膀，悄无声息地向四人靠拢过去。它的目标是鲁约克手里的面包。鲁

约克刚打算把面包往嘴里送，忽然发觉有黑影正朝自己扑来，吓得手一抖，面包便掉在了地上。鲁约克跳起来大叫，猫头鹰趁此机会飞快地掠过地面，抓起掉落的面包又飞回空中，继而朝树林深处飞去。鲁约克回过神来，发现自己的面包被抢了，立刻追了上去："啊，我的面包，我的面包……还我面包！"可是他哪里追得上猫头鹰呢！没几秒钟，猫头鹰的身影便消失在了森林中，只留下鲁约克站在原地"捶胸顿足"。

史密斯爷爷见此情景，便说："算了，别追了，那可是猫头鹰，它看上的食物没有跑得掉的。"

龙龙开玩笑道："猫头鹰居然比鲁约克更贪吃！哈哈！"鲁约克听了，立即从"失败的耻辱"中走了出来，起身就去抢龙龙的食物，龙龙只能懊恼地闪躲。

　　嬉闹了一阵，四人填饱肚子便继续往回走。

　　走了一阵，鲁约克又抱怨道："猫头鹰不是喜欢吃肉的吗，怎么还跟我抢面包，还飞得那么快？"

　　史密斯爷爷安慰他道："猫头鹰的确是食肉的鸟类，它们最喜欢吃老鼠，也吃一些昆虫、小鸟、蜥蜴、鱼等。这只猫头鹰抢你的面包可能是出于好奇吧。下次再遇到这种情况可别做徒劳的追赶了，猫头鹰哪是人能追上的？"

　　"史密斯爷爷，猫头鹰是不是特别擅长抓猎物啊？"龙龙一边走，一边问道。

　　"没错，猫头鹰特殊的身体结构对它们捕猎十分有帮助。首先，猫头鹰的视觉十分敏锐。尤其是在漆黑的夜晚，它们的视力比人类强出一百多倍呢！"

　　"天啊，这么说，即使到了夜晚，它的猎物一样无法藏身，可以被它们轻易地找到？"安娜问道。

　　"是啊，除了视力好，猫头鹰的脖子还非常灵活，甚至能把脸转向后方。特殊的颈椎结构使得它们头的活动范围特别大，可以转270°

角。视力好，视线范围又大，当然容易发现猎物了！"史密斯爷爷走不动了，他靠在一棵树上，缓缓地说。

"那它们还有其他捕猎的优势吗，史密斯爷爷？"鲁约克也听出了兴致。

"当然有了。猫头鹰的耳朵也很特别哦！它们左右两边的耳朵是不对称生长的，左耳的耳道明显比右耳的宽阔，还长有很发达的耳鼓。所以，猫头鹰的听觉神经特别发达，一旦判断好猎物的位置，就

会迅速采取行动。而且，科学家们研究发现，猫头鹰的听觉在它攻击猎物时仍能起到定位作用。它会根据猎物移动时发出的声音，随时调整攻击方向，所以它们的奋力一击往往能够一击即中。"史密斯爷爷回答道。

"这猫头鹰可真威风，怪不得您刚才说，被它看上的猎物，没有跑得掉的。"想起被猫头鹰抢走的面包，鲁约克又叹了一口气。

"这算什么，猫头鹰还有个杀手锏呢！"史密斯爷爷又开始卖关子了。

"还有杀手锏？是什么啊，爷爷？"安娜连忙问。

"呵呵，这个杀手锏就是猫头鹰的羽毛。它们的羽毛相当柔软，翅膀的羽毛上还生有天鹅绒般的密生羽绒，这使得猫头鹰飞行时产生的声波频率还不到1厅赫，大大方便了它们捕食，因为大多数哺乳动物的耳朵都感觉不到如此低的声波频率，所以猫头鹰的无声出击往往能收到'闪电战'的效果。"

"天啊！这猫头鹰，可真是太厉害了！"

几个孩子都赞叹道。"爷爷，我们再去森林里找一只猫头鹰，仔细地观察一下好不好？我们好想看它捕食时威风的样子！"

"好啊，拿你们几个小机灵鬼没办法。不过今天太晚了，森林里不安全，爷爷明天再带你们去，咱们先回去休息吧！"三个孩子点点头，扶着史密斯爷爷一起朝住处走去。

"对了，非洲还有一种很特别的猫头鹰。"史密斯爷爷一边走，一边说道。

"特别在哪？"龙龙立刻问道。

"这种猫头鹰的特别之处就是它的眼睛。据说，这种猫头鹰的眼睛能发出手电一样的光，还能自动调节亮度。更加神奇的是，其他动物的眼睛对它们眼睛发出的这种光，居然毫无反应。所以，当地的土著居民经常带着这种猫头鹰去捕猎，收获往往不小呢！这种猫头鹰目前只分布在非洲，人们还没有发现其他长有这种特殊眼睛的猫头鹰。"史密斯爷爷说。

## 【猫头鹰文化】

在我国，猫头鹰又被叫作逐魂鸟、报丧鸟等，古书中还把它们写作怪鸱、鬼车、魑魂或流离。猫头鹰一直被人们视为厄运和死亡的象征。民间有许多关于猫头鹰的俗语，例如"夜猫子进宅，无事不来""不怕夜猫子叫，就怕夜猫子笑"等等。这些俗语无一例外，都把猫头鹰称作"不祥的鸟"。猫头鹰之所以给人们留下这样的印象，很大一部分原因是受它们那古怪长相的影响。猫头鹰的两只眼睛又大又圆，炯炯有神，让人看了就害怕。它的两只耳朵直直地立着，看上去就好像神话中的双角妖怪。另外，猫头鹰在夜晚的叫声阴森凄凉，像鬼魂一样令人心生恐惧。所以古时候，人们也常叫它"恶声鸟"。除了长相，猫头鹰昼伏夜出的习惯也很难让人对它们产生好印象。它们在夜晚飞行时就像幽灵一样飘忽无声，常常只见黑影一闪，难免令不了解它们生活习惯的人们心生各种可怕的联想。

别看猫头鹰在我国不受欢迎，在其他国家，它可是深得人们的喜爱。

在希腊神话中，智慧女神雅典娜的爱鸟正是猫头鹰的一种，因而古希腊人视猫头鹰为雅典娜和智慧的使者，十分尊敬、喜爱它们。

在日本，猫头鹰一直被人们视为福鸟。在长野冬奥会时，猫头鹰还被选为奥运会的吉祥物，代表着吉祥和幸福。

英国人也非常喜爱猫头鹰。他们认为，将猫头鹰的蛋烧焦以后研成粉末，可以起到矫正视力的效果。约克郡地区的人民还相信，用猫头鹰熬汤，能够治疗百日咳。

居住在加拿大温哥华的印第安人后裔，至今仍保留着猫头鹰的图腾舞，并以猫头鹰为原型制作了很多大型的木雕。

在风靡全世界的魔法小说《哈利·波特》中，猫头鹰是最高贵、最受魔法师们欢迎的宠物。因为它们既可以充当"邮递员"，帮助主人放发邮件，又通晓人类的感情和语言，是极具智慧的一种生物。

## 第七章

# 乘热气球去悉尼

"咱们终于从雨林回到了繁华的城市，回到了人群当中。"鲁约克

感慨："我一定要去吃大餐，弥补我这几天对自己肚子的亏待！"

"得了吧你，要吃就吃呗，还找借口。"龙龙调侃道。

众人望向史密斯爷爷，等着爷爷的决策。

"那好吧，你们想吃什么，爷爷带你们去吃。对了，明天我们要去悉尼，今晚大家好好休息，明天一早就出发。"史密斯爷爷笑吟吟地说。

"悉尼？为什么不是墨尔本呢？我还可以去看看我理想中的大学！"龙龙小声地抱怨道。

第二天，大家都起了个大早，晴朗的天气正适合出行。吃过简单的早餐，史密斯爷爷就给了孩子们一个惊喜：这次，他们居然不坐飞机，而是乘热气球去悉尼！

　　"耶！"三个孩子都欢呼起来。

　　在热气球上俯瞰大地，树木、房屋、行人、河流……所有的景象都历历在目，清晰无比，不像在飞机上，只能看见大地的轮廓。坐在热气球上往下看，整个世界都变得更加新奇、更加可爱了。在这半空中，享受着清风的吹拂，看着不断变化的景物，史密斯爷爷和三个孩子都如痴如醉！偶尔，他们也抬头看看天空，朵朵白云形状各异，真是让人目不暇接。云宝宝们像在表演一场舞台剧，它们醉了，史密斯爷爷和三个孩子也醉了。

　　这时，"伊啊——"的叫声拉回了一行人的注意。四人到处张望，寻找声音的来源，原来是一群鸟！这群鸟飞行速度与热气球差不多，刚好能让热气球上的史密斯爷爷和三个孩子看清它们。

　　"哇，好多的鸟啊！"安娜惊喜地叫道。

　　"呵呵，这下子我们有伴儿了。"龙龙也乐呵呵地说。

　　史密斯爷爷说："这是澳大利亚的国鸟，它们是琴鸟和笑鸟。澳大利

亚是一个有着两种国鸟的国家，琴鸟和笑鸟都是澳大利亚的特产鸟。琴鸟

集形态华丽和鸣声优美于一身，舞姿优美，歌声悦耳，让人赞叹不已。琴鸟作为澳大利亚国鸟，象征美丽、机智、真诚和吉祥，深受人们的爱戴。笑鸟生活在澳大利亚的森林中，它们精明能干，忠于爱情，笑口常开，乐观开朗，因此澳大利亚把这种'笑星鸟'作为国鸟而宠它、爱它，象征着澳大利亚人民生活欢乐、幸福。"

四个人这样说着笑着，一会儿看看天，一会儿看看地，一会儿看看云……就这样，终于来到了悉尼。

## 【悉尼的"大嘴鸟"】

　　离悉尼60公里（一个多小时）路程有个度假胜地——The Entrance。被当地人称作"悉尼的后花园"。The Entrance，中文翻译为"入口"，顾名思义，是距离悉尼不远的一处入海口，由周围的两个海角环抱成了一处咸海水湖泊，宛若一面镜子，波澜不惊，生态怡人。海滩上的人们悠闲地享受着柔软的沙滩，清澈的海水和旖旎的海湾……

　　这里最出名的就是一种很大的鸟——塘鹅，也就是鹈鹕了，这里是著名的鹈鹕聚集地。鹈鹕的嘴特别长，怪不得有人叫他们"大嘴鸟"。鹈鹕身长约150厘米，全身长有密而短的羽毛，羽毛为白色、桃红色或浅灰褐色，是大型游禽，喙长，喉囊发达，适于捕鱼。主要栖息于湖泊、江河、沿海和沼泽地带。

## 第八章

# 爬山访孔雀

　　刚到悉尼落脚，四个人便达成一致，去了世界闻名的悉尼歌剧院
看歌剧，虽然看不大懂，但最重要的是能够感受剧院里的氛围，感受

异国的风情！

"啧啧，说真的，悉尼真是一个适宜人类居住的城市，爷爷我都不想走了！"史密斯爷爷情不自禁地一边介绍着悉尼，一边发着感慨。

"这里有那么好吗？不就是景色美一点嘛！"龙龙好奇地问。

"当然有了。悉尼位于澳大利亚的东南海岸，除了环境优美，气候也十分宜人。这里夏季的平均气温约为21℃，不会很热，冬天的平均气温约为12℃，又不会很冷。日照十分充足，雨量也很丰沛，年降水量有1200毫米左右。这一切可是相当怡人！"

"对了，明天我们要去蓝山哦！"史密斯爷爷说道。

"蓝山？那是什么地方？怎么没听过呢？"三个孩子对蓝山这个地方很陌生，虚心地问道。

"也难怪你们不知道，澳大利亚出名的地方太多了，蓝山被你们遗漏也是情理之中。总的来说，蓝山是一个很美的地方啦。"史密斯爷爷停下，喝了口水才继续讲："蓝山位于悉尼，曾被英国的伊丽莎白女王二世誉为'世界上最美丽的地方'。蓝山是一道很长的山脉，覆盖面积很大，差不多有100万公顷呢！蓝山上到处都生长着桉树，桉树叶子无时无刻不在散发着浓郁的芬芳。经过阳光的折射，这种带着香味的挥发性蒸气会使整个蓝山都笼罩在一层蓝色的氤氲中。远远望去，山坡上悬浮着一层隐隐约约的蓝色烟雾，就连天空

中也有蓝色的瑞霭在蒸腾，因此这座山被人们命名为'蓝山'。"

"哇，连伊丽莎白女王二世都称赞它美啊！"安娜惊叹着。

"史密斯爷爷，我们去蓝山就只是单纯地玩吗？"鲁约克沉不住气地问了出来。经他这么一问，安娜和龙龙也望向了史密斯爷爷，等待他的回答。

"呵呵，鲁约克，这次你算问到重点了！这一次呢，我们的主要目的是玩，其次嘛，就是爬山访孔雀！你们觉得怎么样？"史密斯爷爷总算抛出了目标。

三个孩子一听说此行的目的是要去看孔雀，都高兴地点了点头，愿意接受史密斯爷爷的安排。

"百闻不如一见。"四个人来到蓝山，不禁被蓝山的美景征服了，集体发出了不虚此行的感叹，爬起蓝山来也是越爬越带

劲。在山腰的一片树林里，
孔雀们正无声地欢迎着这些远道而来的客
人，也用五颜六色的羽毛提醒着别人它们的存在！

　　众人爬累了，便找了一处光滑的石头坐下休息。安娜一边取出
水来喝，一边欣赏周边的大好风光，突然，"咳咳……"她被水呛住
了。龙龙离她最近，赶紧伸出手拍她的背，帮她顺气。不一会儿，
安娜缓了过来，手口并用地指着一边说："你们……你们看那边，孔
雀！好漂亮的孔雀！"

　　史密斯爷爷、龙龙、鲁约克顿时都明白了安娜这么激动的原因。
他们把头扭向安娜手指的方向，立即看见十几只孔雀正在树林间漫

步、嬉戏，有几只孔雀还刚好在开屏。只见这几只孔雀尾巴上长着好几种颜色的"眼睛"，在阳光的照耀下熠熠生辉，好不漂亮！

"天啊，它们真美。"安娜喃喃着。

"孔雀是一种大型的陆栖雉类，它们的羽毛非常漂亮，被人们誉为'百鸟之王'。"史密斯爷爷不失时机地介绍着。

"在我们中国，孔雀是十分受欢迎的，它们自古以来就被视为吉祥、善良、美丽、华贵的象征。而且，孔雀十分美丽，许多小孩子也都喜欢去动物园看孔雀开屏。"龙龙也说。

"呵呵，你们知道孔雀为什么开屏吗？"史密斯爷爷带着孩子们慢慢地走近了一点，一边近距离地观看着这些美丽的孔雀，一边问道。

"我知道。只有雄孔雀才会开屏,开屏是它们求偶的一种重要的方式。每到春天的繁殖季节,雄孔雀就会展开它那绚丽多彩的尾屏,做出各种优美的舞蹈动作,吸引雌孔雀的注意。"安娜在书上看到过不少关于孔雀的知识,立即答道。

"你说得很对,不过,孔雀开屏除了求偶外,还有一个目的哦!谁知道是什么?"史密斯爷爷继续问道。

"不知道,是为了臭美?"鲁约克一边嚼着巧克力,一边猜着。

"呵呵,孔雀开屏的另一个

目的其实是保护自己。你们仔细看那几只开屏的孔雀，看到它们尾屏上像眼睛一样的花纹了吗？这些眼状斑的色彩十分绚丽，随着它们开屏的动作一起抖动，可以用来吓唬敌人。"史密斯爷爷没责怪鲁约克说错，继续耐心地解释着。

"爷爷，孔雀长得那么漂亮，它们叫起来的声音一定也很动听吧？"安娜问道。

"那还用说，肯定动听啊。我想，孔雀就像百灵一样，长得漂亮，唱歌也好听。"龙龙抢着说。

"呵呵，你们想错了。别看孔雀长得漂亮，它们的叫声还真是让人接受不了呢！雄孔雀经常发出'啊——喔——啊——喔'的声音，听上去一点也不悦

【孔雀的种类】

孔雀主要分绿孔雀和蓝孔雀两种。绿孔雀主要分布在我国云南省的南部，是我国的一级保护动物。蓝孔雀又叫印度孔雀，主要分布在印度和斯里兰卡。除了这两种，孔雀家族中还有白孔雀和黑孔雀两名成员。它们都是由印度蓝孔雀变异而来的，数量极为稀少，白孔雀的变异率约为千分之一，黑孔雀的变异率还不及千分之一。

耳。雌孔雀的叫声就更令人不敢恭维了，居然和驴子的叫声差不多。另外，在繁殖的季节，孔雀们的叫声还会发生变化，和猫的叫声差不多。"史密斯爷爷笑着说。

"而且，你们有没有注意过，动物园里的孔雀一般都是单独圈养的，你们知道这是为什么吗？"

三个孩子都摇了摇头。

"那是因为孔雀具有很强的攻击性，因此不能和其他鸟类一起混养，只能独自圈养。"史密斯爷爷说。

三个孩子一边听史密斯爷爷介绍着，一边拿出了自己包里的食物去喂孔雀。不知不觉，天色就渐渐地暗了下去，他们只好与孔雀告别，恋恋不舍地跟着史密斯爷爷回去了。

第九章

# 追逐信天翁的魅影

从蓝山回来，史密斯爷爷和三个孩子都累得疲惫不堪。三个孩子本想着沐浴完舒舒服服地睡上一觉，却始终睡不着，一个个蹑手蹑脚地跑到

87

阳台上去透气。

"鲁约克，你小声点儿，别把爷爷吵醒了！"安娜小声说道。

"唉，可惜了，爷爷我从头到尾就没睡着！"史密斯爷爷人未到，声音先到了，"搞了半天，原来你们都没睡啊，都在这儿干吗？"

"我们在这儿看夜景呢。"安娜回答。

四人并排站在阳台上看着夜空的星星，安娜突然冒出了一句："爷爷，我有点想家了呢！"

一句话说出了所有人的心思，龙龙和鲁约克也低下了头。

"对啊，都出来好久了！"史密斯爷爷说。见三个孩子的心情都很低落，他又打趣道，"怎么，这会儿知道想家了？一个个的，当初还非得跟着我跑出来。放心吧，我们的行程基本上已经走了一半了！"

三个孩子都很无语，才一半啊！

史密斯爷爷看他们还是一副"被霜打过的茄子"的模样，便继续说道："别难过了，爷爷明天带你们去悉尼沙滩玩！现在，都回去睡觉。"

第二天，大家兴致勃勃地来到了悉尼沙滩，一看到四周的景象，三个孩子立刻忘记了想家的事，很快被眼前的沙滩和海浪所吸引。

见他们玩得开心，史密斯爷爷总算放下心来，一边躺在沙滩上看着玩得乐不思蜀的三个孩子，一边搜索着自己感兴趣的东西。

海面上，一群海鸟朝沙滩这边飞来，史密斯爷爷眯起了双眼，心

　　想："呵呵，运气还真是好，找什么来什么！"没错，此刻朝海滩飞来的正是史密斯爷爷期待的信天翁。

　　玩得起劲的三个孩子也注意到了海面上空的变化，纷纷询问道："爷爷，那是海鸟吗？"史密斯爷爷毫不客气地赏了每人一记大白

眼，那意思很明显，嫌他们问的问题缺乏深度。

等海鸟飞近，安娜才低呼："信天翁！"史密斯爷爷点了点头："这还差不多，好歹还有一个人知道！信天翁是14种大型海鸟的统称。它们在岸上的时候，总是表现得十分温顺，所以人们又叫它们为'呆鸥'或'笨鸟'。但事实上，信天翁并不呆笨，它们是最善于滑翔的一种鸟。在有风的条件下，可以在空中停留好几个小时，而且还不需要拍动它那又长又窄的翅膀。信天翁的飞行方式非常特别，你们有谁知道？"

三个孩子都摇了摇头，表示不知道。

史密斯爷爷只好自己回答："信天翁的特别之处在于，它们需要逆风才能起飞，有时候甚至还要助跑或是从悬崖边缘起飞呢。所以如果天气无风，信天翁反而难以拖着笨重的身体飞上天空，因此它们大部分时间多在水面上漂浮！"

"这还真是很特别，怎么跟滑翔机似的！"龙龙由衷地感叹道。

"史密斯爷爷，信天翁吃什么喝什么啊？"鲁约克总是第一个就想到吃。

"呵呵，信天翁主要以乌贼为食，但它们也经常跟随在海船的后面，以人们吃剩下的食物为食。它们也像其他的鸟儿一样，可以喝苦涩的海水！"史密斯爷爷认真地回答每一个孩子的问题。

"它们现在可能只是在沙滩上小憩一会儿，过不了多久又会飞走的！"和孩子们一起看了会儿沙滩上的信天翁，史密斯爷爷判断道。

果然，没过多久，信天翁就又成群结队地朝海上飞去，就像天生属于大海的水手！鲁约克舍不得信天翁就这么飞走了，一直追到海水淹没了膝盖，却也只能看着它们飞走，感叹着它们的来也匆匆，去也匆匆！

## 【水手】

　　水手是一个比较久远的称呼，现在一般叫海员。海员是航行在海上的船只上的工作人员的统称，一般分为高级海员和普通海员两种。高级海员由管理级海员和操作级海员共同组成。管理级海员包括船长、轮机长、大副、大管轮和政委（仅中国有），操作级海员包括二副、二管轮、三副和三管轮。普通海员又称支持级海员，包括水手长、机工长、一水、二水、机工等，也包括厨师和事务员等。现在，我国沿海附近的船只上绝大部分还多出了一个职务，叫作管事，也叫船东代表，管事也是属于管理级的海员。

　　海员的综合素质要求比较高，既要求身体强健、专业技能娴熟，又要求心理素质良好、环境适应能力较强。除了这些以外，还要求有处理突发事件的能力。所以说，海员这个职业对从业人员各方面的要求是相当高的。

　　古人云："行车走船三分险。"海洋上气候条件复杂，暴风雨、台风、海啸等自然灾害层出不穷，的确难以避免海难事故。但是，除去这些自然因素的影响，人为因素同样是造成海难事故的一个重要原因。

　　人们对无数起海难事故和污染损害事故进行调查研究后发现，事实上，80%左右的海难事故都是人为因素导致的，在触礁、失火、爆炸等事故中，由人为因素造成的比例高达90%，在碰撞事故中，人为因素的比例更高，达到95%左右，由此不难看出人为因素对船舶安全的影响。

　　人们总结后发现，从历史上有名的泰坦尼克号沉船事故、多纳·帕斯号沉船事故、我国的"大舜"号沉船事故到2006年2月发生的红海沉船事故，都有一个共同原因，就是海员的综合素质普遍不高。

## 第十章
# "气鼓鼓"的军舰鸟

　　沙滩上的人很多，看完信天翁短暂的"飞行表演"后，三个孩子又各自玩了起来。四人在沙滩上一直逗留到了将近中午，才打算回宾馆休息。这时，史密斯爷爷突然又停了下来，眼睛不自觉地看向离沙滩不远的树林，脑袋转了转，叫住了正往回走的三个孩子，说："爷爷再带你们去个地方吧，看见那边森林了吗，走，带你们去看军舰鸟！"

三个已经玩累了的孩子同时转过头来。

"军舰鸟？"龙龙开口道，"史密斯爷爷，您说的是那个有'强盗'行为的'强盗鸟'吗?"

史密斯爷爷故意先做出一副思考的样子，然后才说道："对啊，就是它！龙龙好像知道这种鸟，那就说给大家听听吧！"

　　"哦，好啊！"龙龙回答着，接着继续说道，"军舰鸟的翅膀又长又强壮，尾巴是叉子的形状，又长又深，翅膀展开约长170厘米至230厘米。雄性军舰鸟的羽毛全部是黑色的，雌性军舰鸟身体的下部则是明显的白色。这是它们的一个主要区别。不管是雄性还是雌性，军舰鸟都长着一个裸露出皮肤的喉囊，看上去总是一副气鼓鼓的样子。"

　　"嗯，你说得很对呀！"看到龙龙做过这么多功课，史密斯爷爷十分开心，"军舰鸟属于鹈形目军舰鸟科，是5种大型海鸟的统称。它

们的胸肌十分发达，因此很擅长飞翔，素有'飞行冠军'的称号。它们飞起来就像闪电一样快，在捕食的时候，飞行速度最快可以达到每小时418千米左右。军舰鸟可以飞至约1200米的高空，还能一刻不停地飞往距离巢穴1600多千米的地方，有时甚至可以达到4000千米左右。即使遇上12级的狂风，军舰鸟也可以安全地在空中飞行、降落。所以是当之无愧的'飞行冠军'。"史密斯爷爷一给孩子们讲起知识来，简直是如数家珍。

"那它们为什么叫'强盗鸟'啊？"鲁约克不解地问道。

"这个我知道，"刚才没有抢答到问题的安娜赶忙说，"军舰鸟的这个外号是人们根据它的生活习性取的。军舰鸟的飞行技术特别高超，能在高空中翻转着飞，也能快速地俯冲。由于飞行技巧比其他海鸟都高超，所以军舰鸟时常袭击嘴里叼着鱼的其他海鸟。它们平日里总是在天上飞着，一旦发现目标，就凶猛而快速地冲过去。其他海鸟往往被它们的飞行速度和攻击吓得目瞪口呆，丢下嘴里的鱼就逃走了。而军舰鸟就会马上俯冲下去，把鱼叼到自己嘴里。人们看到它们这么喜欢掠夺，就干脆给它们起了个外号，叫作'强盗鸟'了。"

一行人边走边说，慢慢走进了森林。他们发现，不远处刚好有一只军舰鸟正在自己的巢里梳理着羽毛，看见他们接近也没有惊慌或闪躲！

"呀，军舰鸟的喉囊跟公鸡的好像哦！"鲁约克发出了这样的感叹。

"它的尾巴像燕子的尾巴！"安娜也说道。

这会儿，又有一只军舰鸟从他们的头顶飞过，落在了一棵树上。

"它飞行的时候真像一只巨大的蝙蝠！"龙龙观察后，得出了这样的结论。

史密斯爷爷摸摸下巴，笑呵呵地说："嗯，你们都说得不错，也

都很会观察、很会发现、很会比较！"

　　四人观察了一会儿军舰鸟，眼见天上的太阳都到头顶了，才惊觉已是正午。恰在这个时候，鲁约克的肚子又开始"咕咕"地叫个不停。他用又尴尬又可怜的眼神瞧着大家，意思很明显：肚子都抗议了！史密斯爷爷开玩笑地说："鲁约克的肚子就像闹钟，准时报告三餐时间！"龙龙和安娜听见史密斯爷爷这么说，都忍不住地笑出了声！

　　史密斯爷爷知道，三个孩子其实都很饿了，便说："咱们回去吧，去吃饭！走！"

　　"哦！史密斯爷爷万岁！"鲁约克欢呼着，几乎蹦了起来。

咕

# 第十一章
## 和海鸥一起经历惊涛骇浪

　　幸福，有时候只需要一支风笛的声音！快乐，有时候只需要一个突如其来的消息！

　　这天，考察石鸡的时候，史密斯爷爷在三个孩子完全没有准备的情况下"庄严"地宣布：最后一站——中国，之后就回家！三个孩子呆愣了三秒才欢呼起来，这下可把石鸡给吓着了，它们一阵惊惶，四处逃窜躲避！三个孩子看见此景都很不好意思，你瞧瞧我，我瞧瞧你。史密斯爷爷打趣道："你们这一叫可真是'千山鸟飞绝'啊！"

　　三个孩子高高兴兴地准备跟史密斯爷爷到中国转一转。这一次，他们的交通方式是先乘船后转机。海浪冲击着礁石，发出"哗哗"的响声，就像一曲优美的乐章。伴随着这乐章，大海"绽放"出万朵浪花，在太阳的照耀下，闪着金光，忽隐忽现，好像一束美丽的烟火。

中午的时候，湛蓝色的大海和湛蓝色的天空紧紧相连，平日里波涛汹涌的大海今天仿佛显得格外安静。几个人都在想，这会不会是暴风雨来临前的宁静？

之后，暴风雨真的毫无预兆地来了。与其说是下雨，还不如说是泼水！这和中国江南那像牛毛、像花针、像细丝的雨可是完全不同的！伴随着暴风雨，狂风开始肆虐，吹得船只摇摆不定！

虽然是白天，天地却浑浊成一片，让人不辨南北，也分不清东西！史密斯爷爷和三个孩子躲在船舱里，默默祈祷着能安然躲过这场"劫难"。

此时，一群海鸥也正在经历着这场惊涛骇浪。海鸥素有海上航行安全"预报员"的美誉，连它们都未能躲过这场恐怖的暴风雨。可

见，这场暴风雨的确有摧毁一切的力量！

　　风浪渐渐地小了，史密斯爷爷一行人也从船舱里走了出去，来到甲板上。众人这才惊讶地发现，船上不知什么时候多了一群海鸥。这些海鸥体形中等，腿和细细的嘴是绿黄色的，尾巴是白色的，羽尖也是白色的，身体下部的羽毛更是像雪一样晶莹洁白。它们身姿健美，十分惹人喜爱。虽然它们刚刚也经历了大风大浪的袭击，但它们在众人眼里依旧十分美丽。

　　"海鸥素来是海上航行安全的'预报员'。在海上航行的船只，常常因为对水域环境的陌生而发生触礁、搁浅的事件，天气的突然变化也容易造成海难事故。经验丰富的海员们都喜欢观察海鸥。海鸥们常常在浅滩、岩石或暗礁周围着陆，如果海鸥成群飞起，大声鸣叫，航海者就需要提防，避免撞上暗礁。另外，海鸥还有沿港口出入飞行的习惯，所以，在船只迷路或大雾弥漫的情况下，海员只需观察海鸥的飞行方向，就可以准确地找到港口。"安娜开口说道，"可是这一次，怎么连海鸥也落得这么狼狈呢？"

　　史密斯爷爷听安娜这么问，便语重心长地说："凡事都有例外，不可能完全绝对，这就跟'常在水边走，哪有不湿鞋'是一个道理！"

　　龙龙说："我还听说，如果海鸥贴近海面飞行，就表示未来的天气将是晴朗的；如果它们一直沿着海边徘徊，则意味坏天气就要来了；如果海鸥成群地聚集在沙滩上或岩石缝中，可怕的暴风雨就不远了。可是，它们为什么可以这么准确地预报天气呢？"三个孩子都不解地看向史密斯爷爷。

　　"呵呵，其实海鸥之所以能准确地预见暴风雨，是因为它们的骨骼是空心的，呈管状，里面没有骨髓，满满的都是空气。这种特殊的骨骼除了便于飞行，也像气压表一样，能让它们提前感知天气的变化。此外，海鸥翅膀上的羽管也都是空心的，所以也相当于一个个小型的气压表。这就是海鸥能敏锐地感觉到气压变化，并为海员们提供天气预报的原因。"史密斯爷爷什么都知道。

"海鸥长得也很像鸽子，只是体形比鸽子大一些。"安娜又说。

"你观察得真仔细，安娜。嗯，我在想，鸽子和海鸥，谁的肉更好吃一些呢？"鲁约克又想到"吃"上去了。

龙龙和安娜听了都直翻白眼，一致决定不理他！

鲁约克见没人回应，不觉地挠挠头，怎么回事呢，没人理，只能把求助的目光转向史密斯爷爷。

史密斯爷爷虽然也很头疼鲁约克的贪吃，却不能不理他，便对他说道："鲁约克，海鸥这么可爱，你不要总想着吃嘛！"

"就是就是，爷爷，您别理他，再给我们讲讲海鸥吧！"安娜说道。

"好啊，爷爷就给你们说说。"史密斯爷爷说，"海鸥是一种

中等体形的鸥，它们的身长一般在38厘米至44厘米，双翼展开约长106厘米至125厘米，体重一般可以达到300克至500克，平均寿命为24年。海鸥是一种著名的候鸟，主要分布在欧洲、亚洲至阿拉斯加及北美洲西部。

　　"作为最常见的海鸟之一，海鸥经常成群地逗留在海边、海港及盛产鱼虾的渔场，要么漂浮在水面上嬉戏、游泳；要么在低空中飞翔，寻找食物。海鸥经常捕捉鱼虾、蟹、贝等为食，除此之外，它们也特别喜欢拣食船上人们吃剩下的残羹剩饭，所以它们还有个'海港清洁工'的称号。"

　　由于担心再遇到风浪，船只停留在了最近的港口，一老三少只得下船乘坐飞机。在机场登记时，鲁约克突然又冒出了一句傻话："唉，乘坐了两次轮船，怎么一次都没瞧见传说中的美人鱼呢！"其余三人听见，都笑他道："你也知道那只是传说啊！"

## 【美人鱼的传说】

很多人都听说过美人鱼的传说——美丽的美人鱼生活在大海的深处，每当有航船路过它们的领地，它们就会唱出优美的歌声，让水手们着迷，然后再用它们漂亮的脸庞、优美的身段去勾引水手，最后将水手拖入水中。

这只是个传说。实际上，真正的美人鱼不仅不美丽，还十分丑陋。它在生物学上的学名叫儒艮，是海牛的近亲。儒艮的尾鳍长得很像海豚，嘴外还有两颗长牙突出。两只如老鼠般的小眼睛长在头顶，身上的细毛稀稀疏疏的。见过它们的渔民也常将它们称为海牛、海猪、海骆驼。虽然长相丑陋，但儒艮肉质细嫩，非常美味，因而遭到了人类的大量捕杀，数量急剧减少。现在，人们只能在太平洋和印度洋的某些海域才能发现儒艮的身影了。

和海牛一样，儒艮也以海草和海藻为食。它们哺育小宝宝时，总会浮出水面，露出双乳，用胸鳍抱住宝宝，还会将海藻调皮地顶在头上，因此才被水手们误认为是美人鱼。

儒艮是一种水陆两栖动物，不过它们大部分时间都居住在海里。即便如此，儒艮的水上功夫并不是很好，它们的行动非常缓慢，每小时只能游出2海里。就算遇到危险，它们的逃跑速度也不会超过每小时6海里。

## 第十二章
# "沼泽的白天使"丹顶鹤

　　飞机的舷窗外，天空分外的蓝！大概是因为这是最后一站了，之后就能回到思念的家了，所以就算人气糟糕透顶，同样会有人认为极其美好。这就是所谓的"心中有阳光，何处不天堂"！

　　一行人高高兴兴地坐在去往中国的飞机上，飞机在云端飞翔，他

们的心情也好像漂浮在云端上一样！史密斯爷爷已经告诉三个孩子，他们要去的是中国东北的松嫩平原，三个孩子看起来心情好极了。经过这几次的旅行，龙龙明白了，在异国他乡，家是一个很大的概念，中国也是他的家！安娜和鲁约克虽然是美国人，却是地地道道的中国迷，所以对中国的感情也很深！

飞机在黑龙江省南部的一座城市降落了，窗外就是松嫩平原的自然风光！一下飞机，龙龙和鲁约克便冲了出去，到平原上奔跑！安娜陪着史密斯爷爷在后边跟着，并不急着上前。

这里的景色十分美丽，到处都是高大的乔木和低矮的灌木，各种植物与山花野卉遥相呼应、争奇斗艳。安娜已经被这大自然的奇景给惊呆了，龙龙不停地摁着快门，抢拍着这难得一见的美丽景观。

　　不远处有一块水域，几个人向那边走了过去，史密斯爷爷远远便瞧见了此行他们想要寻找的鸟儿——丹顶鹤。它们就像沼泽里的白天使，在那里翩翩起舞，飘飞似仙！

　　史密斯爷爷见三个孩子也发现了丹顶鹤，便开口问道："这种鸟你们应该都认识吧？"

　　龙龙首先回答道："我认识，这是丹顶鹤，它是鹤类的一种，因

为头顶上有一个美丽的红肉冠，所以被人们取名为'丹顶鹤'。同其他鹤类一样，丹顶鹤也有著名的'三长'——嘴长、颈长、腿长。丹顶鹤是东亚地区特有的鸟类，还是我们中国的一级保护动物。它们的体态非常优雅，全身羽毛的颜色也非常分明，看上去特别高贵、纯洁。它们在中国的传统文化中一直是吉祥、忠贞、长寿的象征。人们也常管它们叫仙鹤、白鹤。"

"丹顶鹤是一种杂食性动物，主要以浅水区里的鱼、虾、软体动物及一些植物的根茎为食。它们吃东西是根据季节的变化而进行调整的。春天，它们主要吃草籽和作物的种子。夏天，它们吃得就比较杂，除了芦苇的嫩芽及草籽等植物性食物外，它们也会吃动物性食物，例如小型的鱼类、甲壳类、螺类、昆虫及其幼虫等，它们还会把蛙类和小型鼠类抓来吃呢！"鲁约克也说出了自己知道的。其他三人听了，一面夸鲁约克说得对，一面也没有忘记调侃他对吃的执着！

　　"唉，近年来，人类活动对湿地的破坏越来越厉害，加上气候日益干旱，环境污染日益加剧，丹顶鹤的活动空间越来越小，生存也越

来越难了。现在，丹顶鹤的数量每年都在减少，分布范围也更加狭窄了。"安娜十分担忧地说道。

"是啊，人类要想实现可持续发展就必须得先实现人与自然和谐相处。可是现在，人类破坏环境，使得许多动物的立足之地越来越少，这实在是令人担忧啊！"史密斯爷爷皱着眉头，"目前，减少污染、退耕还湿地，已成为松嫩平原的超级难题！"

"好在，丹顶鹤的现状已经引起了越来越多的关注。在我们中国的盐城，现在就建立起了一个海涂型的丹顶鹤自然保护区。"龙龙说。

"没错，我曾经去过那里。盐城的丹顶鹤自然保护区总面积达2401.2平方千米，核心区的面积也有100平方千米左右。那里芦苇丛生，植被和海涂生物都十分丰富，是丹顶鹤休养的极佳之处。每年，全世界近一半的野生丹顶鹤都会飞到那里去过冬。

　　"保护区内还设有珍禽驯养场，所以，海内外的游客无论什么时候去，都可以参观到美丽的丹顶鹤。"史密斯爷爷说。

　　四人远远地观察着这些美丽的"白天使"。它们不愧是天生的舞蹈家。长长的脖子，纤细的双腿，看上去举止潇洒，神采飞扬。它们雪白头顶上的鲜红肉冠，看上去就像是在白金的王冠上镶嵌了一颗红宝石，十分耀眼夺目。

　　"爷爷，您看！它们又展开美丽的翅膀，开始跳舞了！它们的双腿是那样修长，舞姿是那样优雅，真像专业的芭蕾舞演员！"看着丹

顶鹤的风姿，安娜激动得声音都发颤了。

　　"是啊！丹顶鹤的确是一种很美的生物，它们光是站在那，都会让人深深地为之倾倒。它们站立的时候总是高高地把身体竖起来，又把脖子伸直，然后才会四处张望，并能保持这样的姿势站立很长时间。所以，人们形容戏剧舞蹈中引颈四望的动作时常用到两个词，分别是'鹤立'和'鹤望'。鹤群在进行长距离的飞行时，也常常排成V形或Y形，远远望去，那轻逸潇洒的风姿，真是让人无限感叹。对了，

咱们不要靠它们太近，它们要是害怕了，会大声叫唤的。丹顶鹤的鸣声非常嘹亮，这是它们明确领地的信号，不过，它们在发情期也以大声鸣叫的方式进行交流。"史密斯爷爷一边望着丹顶鹤，一边说道。

"其实，丹顶鹤在深受人们喜爱的同时，也一直都在被人误解。人们一方面称赞它是'美丽的天使'，另一方面又称它是'剧毒鹤顶红'。实际上，这是彻底的谣传。丹顶鹤根本没有毒性。真正的鹤顶

红是指三氧化二砷，也就是人们常说的砒霜。"

　　怀着对丹顶鹤的祝福和祈祷，众人终于坐上了回家的飞机。想着就要回家了，四人都心潮澎湃，话也多了起来。史密斯爷爷以长者的身份问三个孩子："这一趟出远门，你们都有哪些收获呀？"

　　安娜思考片刻后说道："我们这次去了好多地方，我也学到了很多东西，而且我每天都有记笔记，回去可以把它们整理一下，拿给亲

朋好友看看！"

　　"嗯，安娜的主意不错，说不定，还可以出版哦！"史密斯爷爷笑着说。

　　"我们这次不是见识了那么多鸟类吗，我打算也像约克一样，写一本书。"龙龙信心满满地说出了自己的计划。

　　"好，你认真写，写完爷爷当你的读者！"史密斯爷爷非常赞同龙龙的想法。

"您要当我的读者当然好，只是我的读者肯定不止爷爷您一个哦。嘿嘿，我要成大作家了！"龙龙大言不惭地说道。

　　史密斯爷爷见他这么高调，便鼓励他说："先干事儿，再说话！这样才能有底气！"

　　四人相视一笑，高高兴兴地回家了！